RECOGNITION   HANDBOOK

OF

TYPICAL   GUIDED   MISSILES

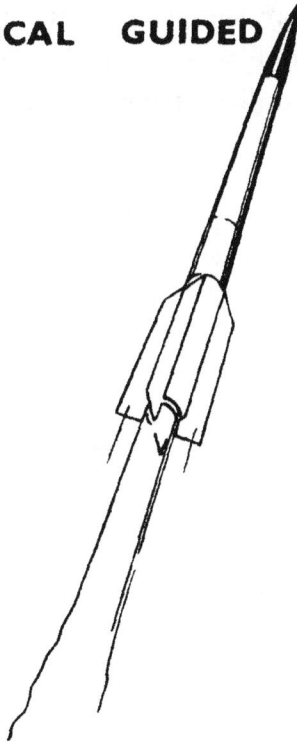

M.I 10

THE WAR OFFICE.

JUNE 1951 (Revised)

The Naval & Military Press Ltd

Published by
The Naval & Military Press Ltd
5 Riverside, Brambleside, Bellbrook
Industrial Estate, Uckfield, East Sussex,
TN22 1QQ England
Tel: +44 (0) 1825 749494
Fax: +44 (0) 1825 765701
www.naval–military–press.com
www.military-genealogy.com
www.militarymaproom.com

RESTRICTED

I N D E X

СОДЕРЖАНИЕ

- 2 -

PART IV –	Non-guided long range missile	Неуправляемый снаряд дальнего действия
	(12) RHEINBOTE	"Рейнботе"
PART V –	Small Test Beds	Небольшие испытательные установки
	(13) Liquid Fuel Engines	Двигатели, работающие жидким топливом

INTRODUCTION

The object of this book is to provide a simple series of photographs for assistance in interrogations.

As the Germans were undoubtedly the most advanced nation in respect of Guided Missiles, it is felt that most short term future developments will be based upon their experience. The photographs laid out are therefore a representative collection of known German weapons.

The dimensions have been omitted purposely in order that these may be obtained from the subject under interrogation.

ВВЕДЕНИЕ

Цель этой книги помочь серией фотографий при допросах.

Так как немцы были несомненно наиболее передовым народом в области управляемых снарядов, то следует предполагать, что большинство краткосрочных развитий в будущем будет опираться на их опыт. Собранные фотографии представляют собой характерную коллекцию известных нам боевых средств.

Размеры с целью не упомянуты, чтобы узнать их от допрашиваемых.

PART I

SECTION (1)

The Long Range Rocket A.4 or V-2

Часть I

Отделение I

Реактивный снярад дальнего действия
А.4 или ФАУ 2

A-4 LONG-RANGE ROCKET

1. CHAIN DRIVE TO EXTERNAL CONTROL VANES.
2. ELECTRIC MOTOR.
3. BURNER CUPS.
4. ALCOHOL SUPPLY FROM PUMP.
5. AIR BOTTLES.
6. REAR JOINT RING AND STRONG POINT FOR TRANSPORT.
7. SERVO-OPERATED ALCOHOL OUTLET VALVE.
8. ROCKET SHELL CONSTRUCTION.
9. RADIO EQUIPMENT.
10. PIPE LEADING FROM ALCOHOL TANK TO WARHEAD.
11. NOSE PROBABLY FITTED WITH NOSE SWITCH, OR OTHER DEVICE FOR OPERATING WARHEAD FUZE.
12. CONDUIT CARRYING WIRES TO NOSE OR WARHEAD.
13. CENTRAL EXPLODER TUBE.
14. ELECTRIC FUZE FOR WARHEAD.
15. PLYWOOD FRAME.
16. NITROGEN BOTTLES.
17. FORMER JOINT AND STRONG POINT FOR TRANSPORT.
18. PITCH AND AZIMUTH GYROS.
19. ALCOHOL FILLING POINT.
20. DOUBLE WALLED ALCOHOL DELIVERY PIPE TO PUMP.
21. OXYGEN FILLING POINT.
22. CONCERTINA CONNECTIONS.
23. HYDROGEN PEROXIDE TANK.
24. TUBULAR FRAME HOLDING TURBINE AND PUMP ASSEMBLY.
25. PERMANGANATE TANK (GAS GENERATOR UNIT BEHIND THIS TANK).
26. OXYGEN DISTRIBUTOR FROM PUMP.
27. ALCOHOL PIPES FOR SUBSIDIARY COOLING.
28. ALCOHOL INLET TO DOUBLE WALL.
29. ELECTRO HYDRAULIC SERVO MOTORS.
30. AERIAL LEADS.

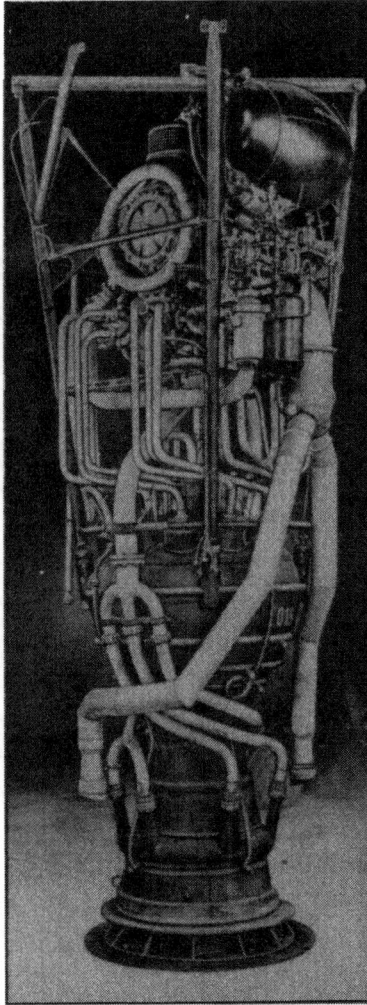

Main rocket unit

Основной комплект реактивного
снярада

Large Jig in plant on which stringers are welded to the skin
Большой шаблон на установке, на которое ребра
(стрингеры) припаиваются к обшивке

Half Section after completion

Готовая половинка

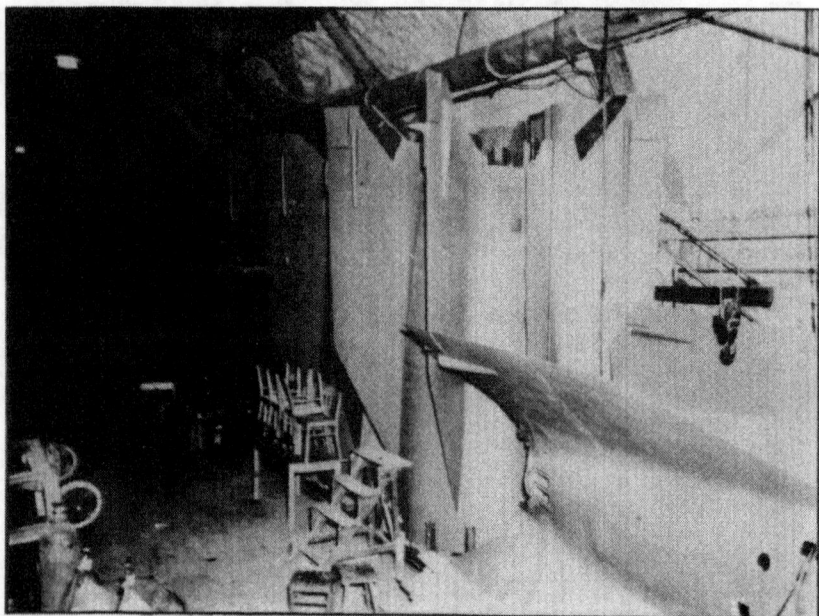

Tail assembly line

Место сбора хвостового оперения

Half Section

Половинка

An assembly shop for Rockets

Мастерская сбора реактивных снарядов

View of Tanks in position from alcohol tank side
Баки со стороны спиртного бака

Rocket oxygen tank, insulation and broken sections
after attack by bombers

Бак с кислородом для реактивново снаряда;
изоляция и сломанные части после налета
бомбадировщиков

Rocket section showing fuel tank and insulation

Разрез реактивного снаряда; виден бак с горючим
и изоляция

Main combustion chamber

Основная камера сгорания

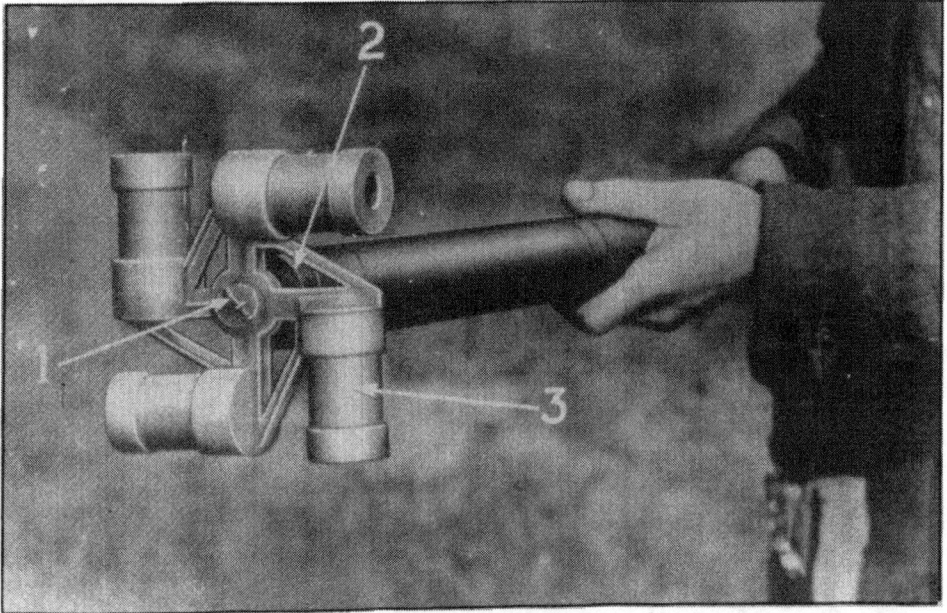

Pyrotechnic Igniter

(1) Leaf Spring   (3) Pyrotechnic charge
(2) Fuzehead

Пиротехнически зажигатель

(I) Пластинчатая пружина (3) Пиротехнически
(2) Головка врывателя   заряд

Tail Unit

(1) Servo Motor   (3) Thrust Ring   (5) Circumferential
(2) Carbon Vane   (4) Longitudinal Stringer   Stringer

Хвостовое оперение

(I) Сервомотор   (3) Упорное кольцо
(2) Угольная пластинка (4) Продольное ребро
              (5) Периферическое ребро

Control Compartment
Контрольное отделение

Carbon Rudders and Pyrotechnic Igniter, in position
Газовые (угольные) рули и пиротехнический патрон
в установленном положении

Carbon Rudder

Газовый (угольный) руль

Fuze in case showing nose and base fuzes

Взрыватель в патроне; видны головной и донный
взрыватели

Tip of noze fuze showing protecting glass cover

Наконечник головного взрывателя; виден охраняющий
стеклянный колпак

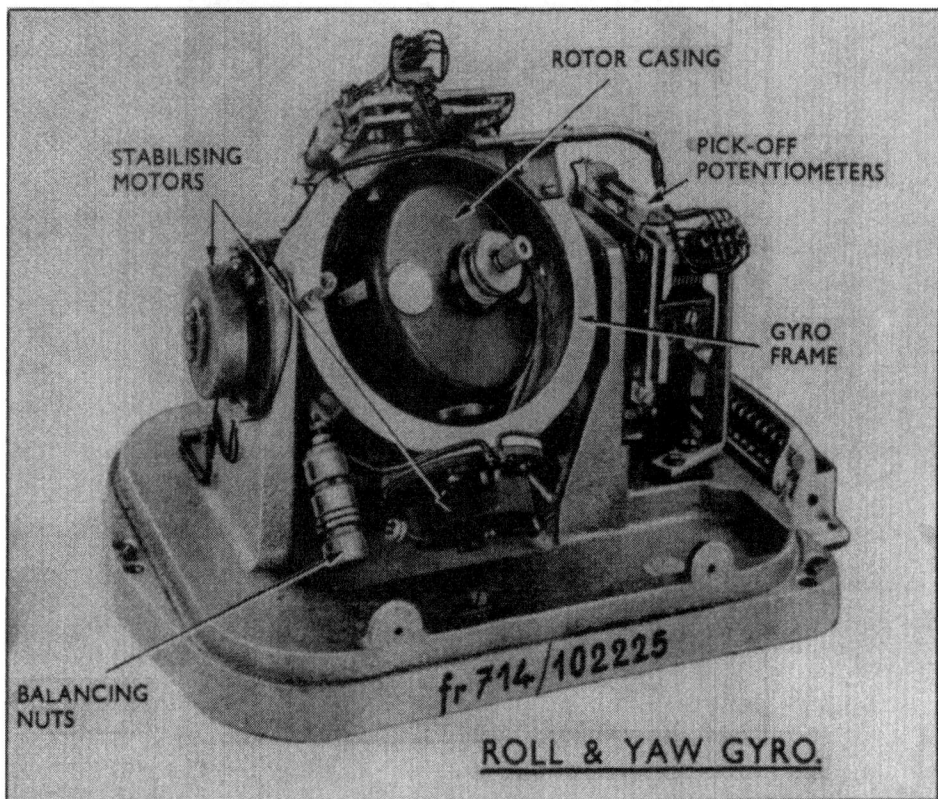

STABILISING MOTORS

ROTOR CASING

PICK-OFF POTENTIOMETERS

GYRO FRAME

BALANCING NUTS

fr 714/102225

ROLL & YAW GYRO.

Roll and Yaw Gyro

Гироскоп бочного и горизонтального наклонения

Auxiliary (steam) unit showing Hydrogen Peroxide Tank (top)
Sodium Permanganate Tank (bottom)

Вспомогательный (паро.вой) комплект; видны баки:
с перекисью водорода (верхний),
с перманганатом натрия (нижний)

Auxiliary (steam) unit set up in Test House

Вспомагательный (паровой) комплект, собранчый
в экспериментальной камере

V-2 Combustion chamber in Test bed

Камера сгорания ҐАУ-2 на испытательном
станке

Test Bed for V-2 Combustion Chambers
Испытательный станок для камер сгорания
ФАУ-2

Proof Tower
Башня для испытаний

Test Tower for static firing of complete V-2

Башня для испытательной стационарной стрельбы
законченного "АV-2"

V-2 on bogies

ФАУ-2 на тележках

Bogies for transportation of centre section interconnected by tee bar

Тележки для перевозки серединного отделения, соединенные Т-образной шиной

Normal method of rail transportation.   Warhead can be
seen lying in front of nose

Нормальный способ перевозки по железной
  дороге.   Боевое зарядное отделение спереди
              головной части

Hydrogen Peroxide Tanker
(1) Water Tank
(2) Hydrogen Peroxide tank
(3) Pump Compartment

Авто-цистерна с перекисью водорода
(I) Бак с водою
(2) Бак с перекисью водорода
(3) Отделение с насосом

Hydrogen Peroxide Tanker.   Layout at rear

Авто-цистерна с перекисью водорода. Вид сзади

Alcohol Tanker

Авто-цистерна со спиртом

Liquid Oxygen rail Tanker Вагон-цистерна с жидким
                                           кислородом

(1) Gas vent and overflow pipe (I) Газовые отверстие
(2) Enclosed compartment   и сливная трубка
(3) Filling connection cover   (2) Закрытое отделение
(4) 70 mm connection   (3) Покрышка соединения
                                     для запрвака
                                (4) Соединение дл. 70 мм.

Oxygen being passed from rail to road tanker

Кислород перекачивается из вагона-цистерны

Liquid Oxygen Tanker

Авто-цистерна с жидким кислородом

Fuelling of rocket from Oxygen trailer

Заправка реактивного снаряда из прицепа с
кислородом

Liquid Oxygen Tanker

Авто-цистерна с жидким кислородом

Alcohol being piped from rail to road tanker

Спирт перекачивается из вагона-цистерны в авто-
цистерну

Tanker fleet awaiting move to rocket site
Парк авто-цистерн готовыи двинутся на п зилню
реактивн и устан вки

Vidalwagen
Тележка Видаля ("Видальваген")

Warhead assembly in the field

Сбор боевого зарядного отделения в поле

Erection of the Strabo Crane
Установка крана "Страбо"

Transloading
Перегрузка

Rocket in covering being towed to firing position

Покрытый реактивный снаряд по дороге на
боевую позицию

V-2 camouflaged on meilerwagen

Маскированный ФАV-2 на тележке Мейлера
("Мейлерваген")

The fire control vehicle normally tows the launching
table trailer

Автомашина-пост управления огнем обыкновенно
буксирует прицепную направляющую установку

Firing Platform

Орудийная платформа

V-2 being elevated by Meilerwagen on to firing platform.
Подъем ФАУ-2 на спусковую площадку при помощи
тележки Мейлера ("Мейлерваген")

Rocket with tankers

Реактивный снаряд и авто-цистерны

PART I

SECTION (2)

The Flying Bomb or V-1

ЧАСТЬ I
ОТДЕЛЕНИЕ (2)

Летучая бомба или ФАУ-I

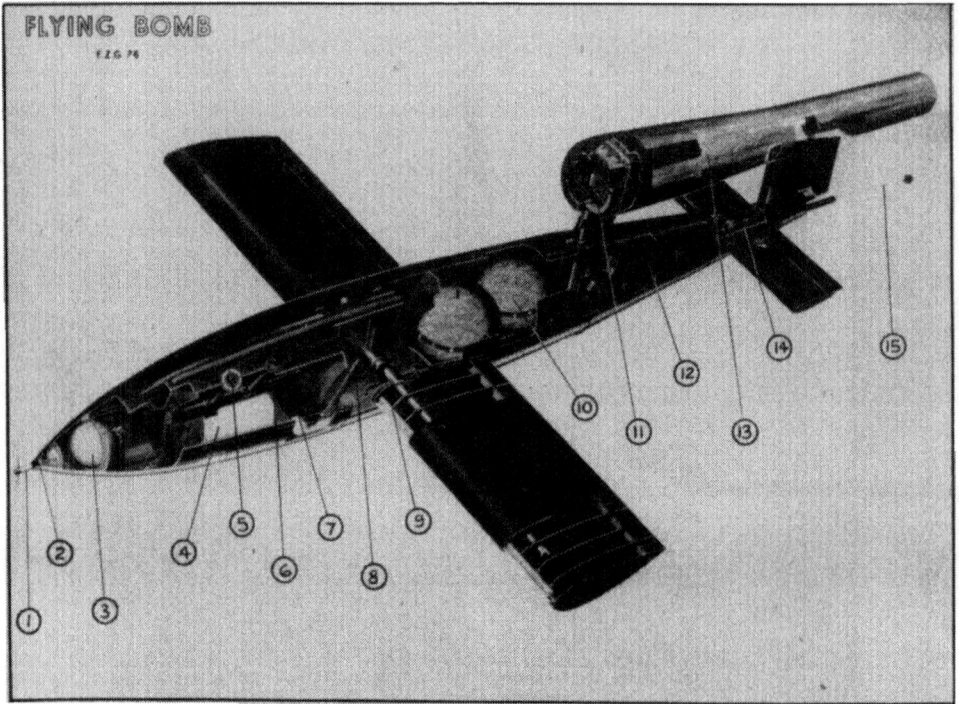

FLYING BOMB
F.Z.G.76

KEY TO ANNOTATIONS TO "FLYING BOMB DIAGRAM"	ОБЪЯСНЕНИЕ СХЕМЫ ЛЕТУЧЕЙ БОМБЫ
1. Veeder	I. Счетник дальности
2. Pressure Plate Switch	2. Выключатель пластинки давления
3. Compass compartment	3. Буссольное отделение
4. Warhead	4. Боевое зарядное отделение
5. Mechanical impact fuze	5. Механическая ударная трубка
6. Time fuze	6. Дистанционная трубка
7. Central exploder tube	7. Трубка главного детонатора
8. Fuel tank	8. Бак с горючим
9. Main span	9. Главный пролет
10. Spherical compressed air bottles	IO. Сферическая бутыль с сжатым воздухом
11. Grill – incorporating shutters and injection jets	II. Жалюзи - со смесительной шторкой и жиклером вспрыскивания
12. Automatic pilot	I2. Автоматический пилот
13. Impulse duct engine	I3. Активная турбина с проходной втулкой
14. Servo for operating control	I4. Серво для управления движением
15. Aerial	I5. Антенна

Rail Transportation
Перевозка по железной дороге

Transporting V-1s
Перевозка ФЛУ-I

Transporting V-1

Перевозка ФАУ-I

Ramp

Аппарель (Стартовая дорожка)

Breach

Казенная часть

Combustion Chamber

Камера сгорания

Launching Cradle

Launching End

Стартовое гнездо

Конец стартовой
дорожки

PART II

S E C T I O N (3)

The WASSERFALL A.A. Guided Missile

ЧАСТЬ 2

ОТДЕЛЕНИЕ (3)

Управляемый зенитный снаряд "Вассерфаль"

Wasserfall

Вассерфаль

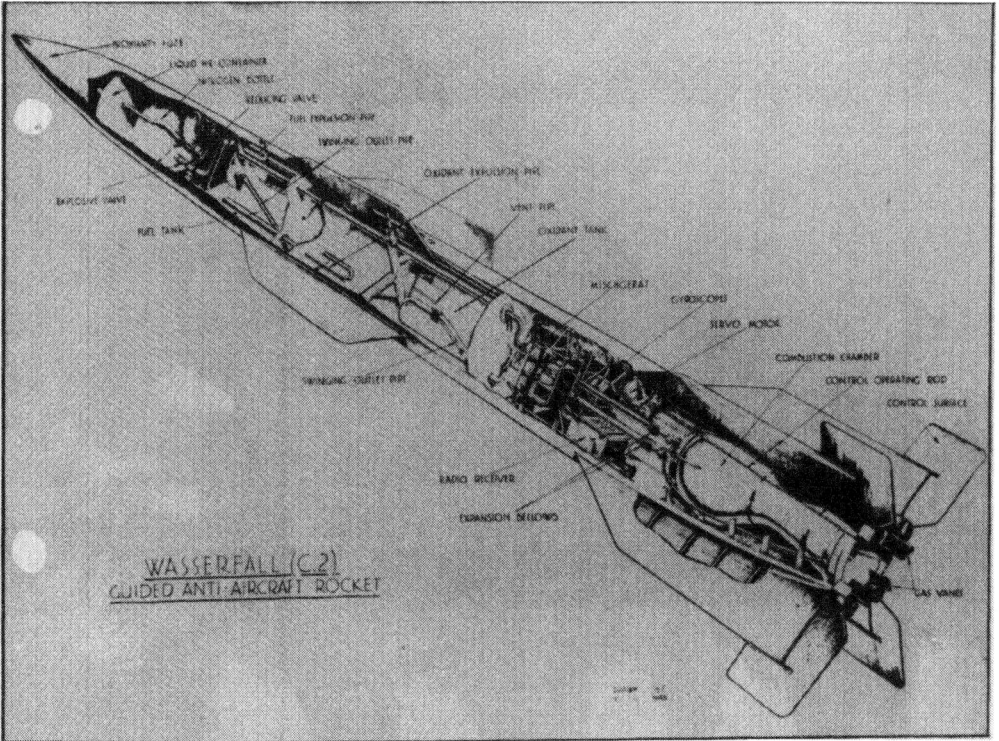

WASSERFALL (C.2)
GUIDED ANTI-AIRCRAFT ROCKET

Wasserfall

Вассерфаль

PART II

SECTION (4)

The A.A. Guided Missile SCHMETTERLING

ЧАСТЬ 2

ОТДЕЛЕНИЕ (4)

Управляемый зенитный снаряд "Шметтерлинг"

Schmetterling

Шметтерлинг

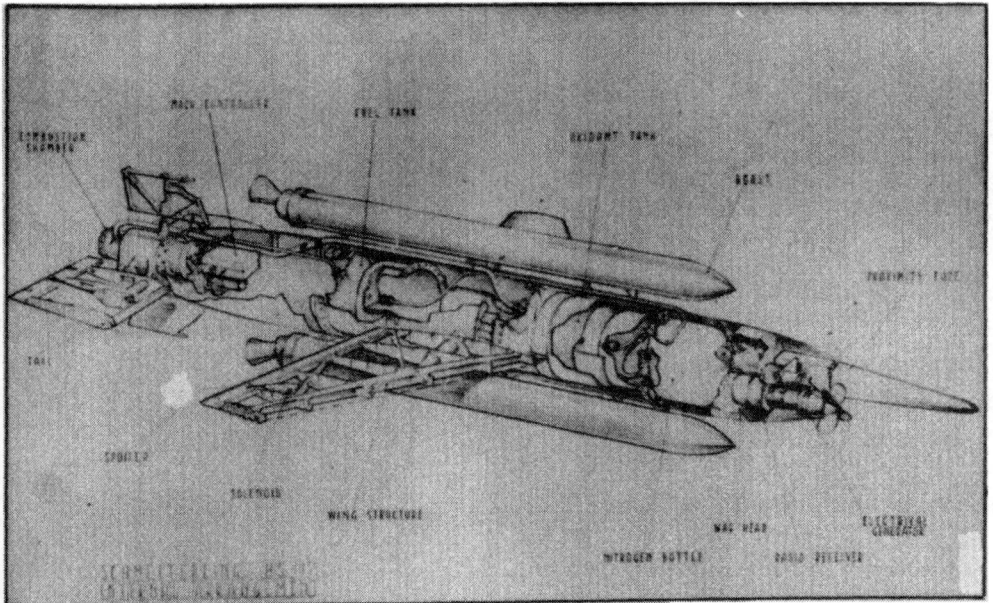

Schmetterling on Ramp

Шметтерлинг на стартовой дорожке

Ramp for Schmetterling

Стартовая дорожка для Шметтерлинга

PART II

S E C T I O N (5)

The A.A. Guided Missile ENZIAN

Часть 2

ОТДЕЛЕНИЕ (5)

Управляемый зенитный снаряд "Энзиан"

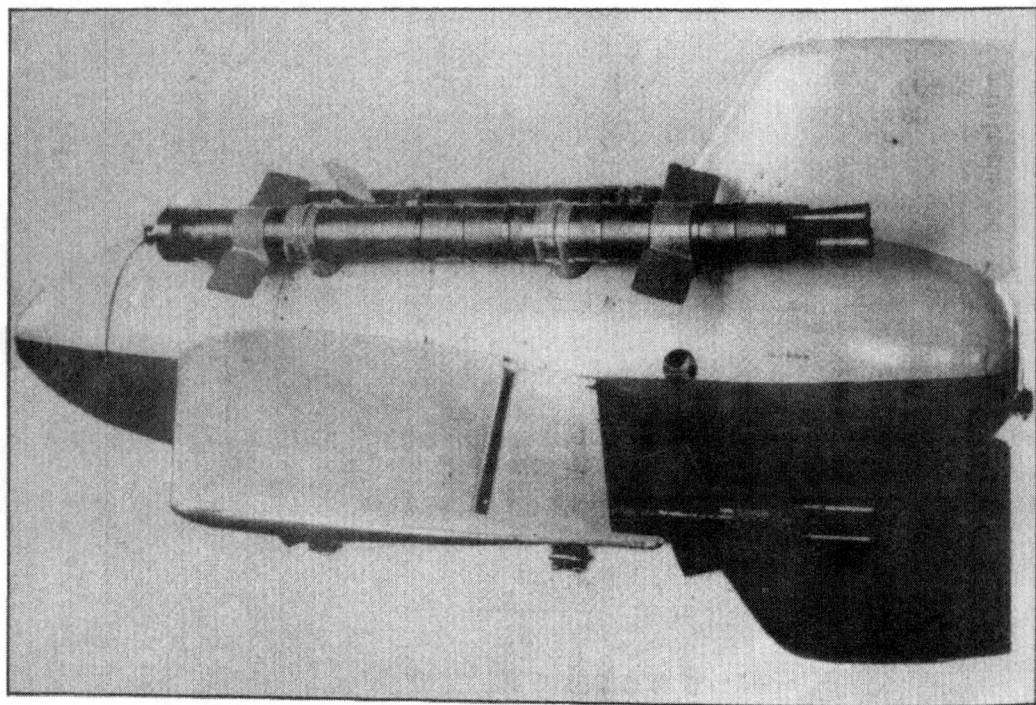

Enzian 4

Энзиан 4

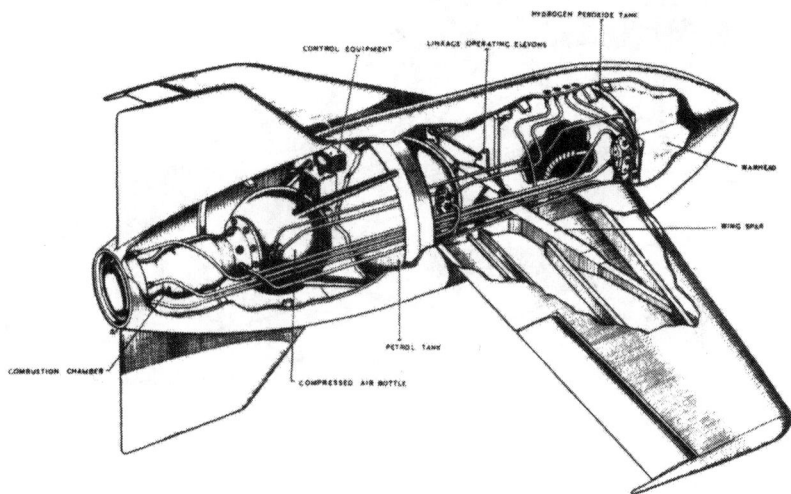

ENZIAN. 4 (CUT AWAY VIEW)

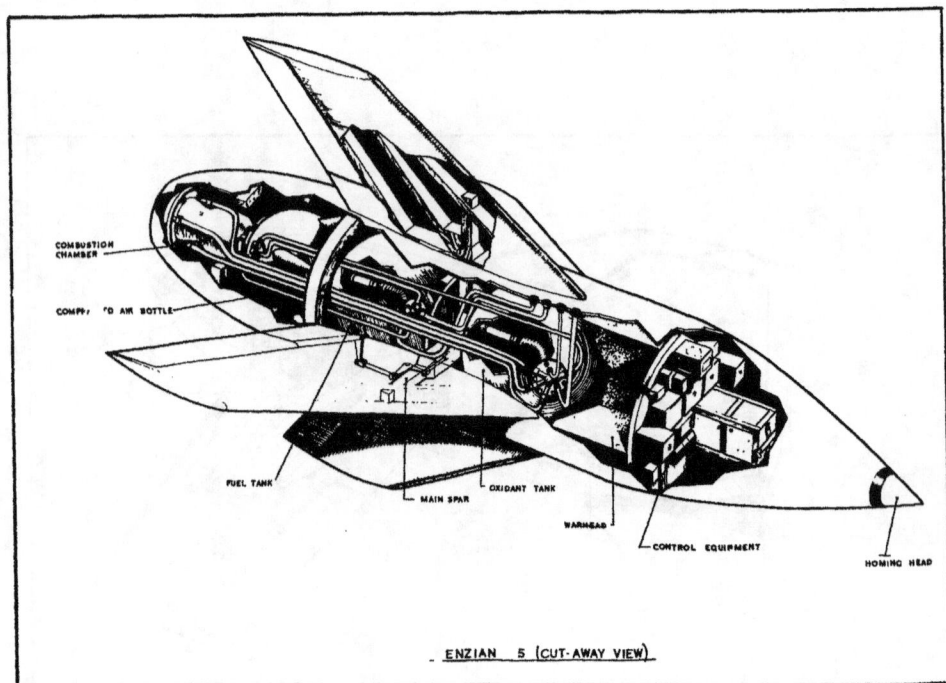

COMBUSTION CHAMBER

COMPR, 'D AIR BOTTLE

FUEL TANK

MAIN SPAR

OXIDANT TANK

WARHEAD

CONTROL EQUIPMENT

HOMING HEAD

ENZIAN 5 (CUT-AWAY VIEW)

Enzian 5

Энзиан 5

PART II

S E C T I O N (6)

The A.A. Guided Missile RHEINTOCHTER

ЧАСТЬ 2

ОТДЕЛЕНИЕ (6)

Управляемый зенитный снаряд "Рейнтохтер"

Rheintochter 1
Рейнтохтер I

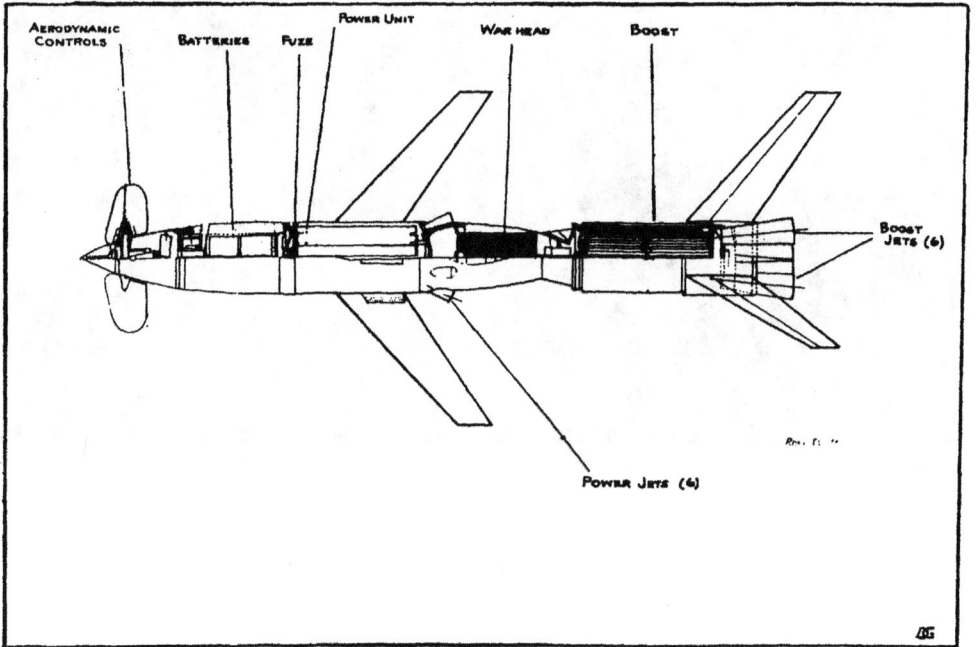

Aerodynamic Controls · Batteries · Fuze · Power Unit · War head · Boost · Boost Jets (6) · Power Jets (6)

Rheintochter 3
Рейнтохтер 3

Rheintochter 3
(outer casing removed)

Рейнтохтер 3
(без внешней обшивки)

PART III

S E C T I O N (7)

The Air Launched Missile FX 1400

ЧАСТЬ 3

ОТДЕЛЕНИЕ (7)

Снаряд выпускаемый в воздухе ЕФ-ИКС 1400

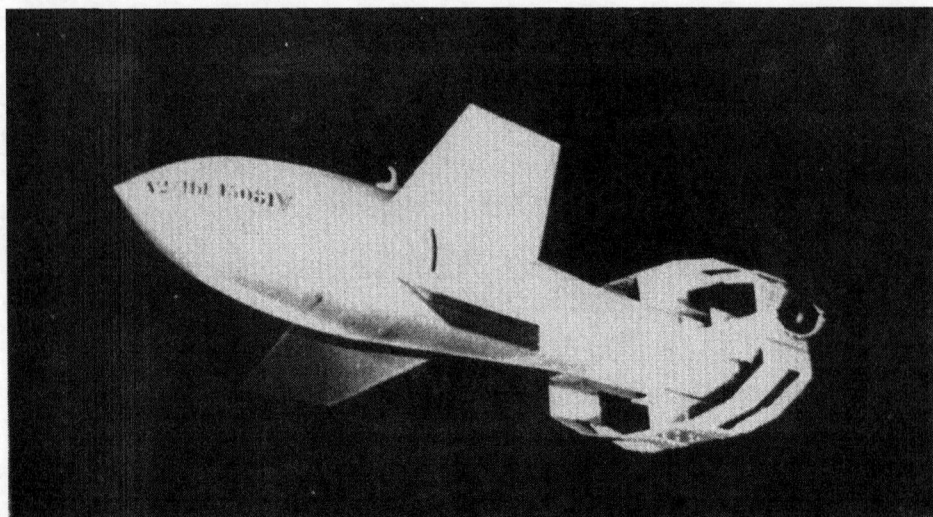

FX 1400
(Air - Surface)

Е**Ф-ИКС** 1400
(с воздуха - на землю)

PART III

S E C T I O N (8)

The Air Launched Missile HS 293

ЧАСТЬ 3

ОТДЕЛЕНИЕ (8)

Снаряд выпускаемый в воздухе ХА-ЕС 293

HS 293
(Air - Surface)

ХА-ЕС 293
(с воздуха - на землю)

PART III

S E C T I O N (9)

The Air Launched Missile HS 294

ЧАСТЬ 3
ОТДЕЛЕНИЕ (9)
Снаряд выпускаемый в воздухе ХА-ЕС 294

HS 294
(Air Surface)

XA-EC 294~
(с воздуха - на землю)

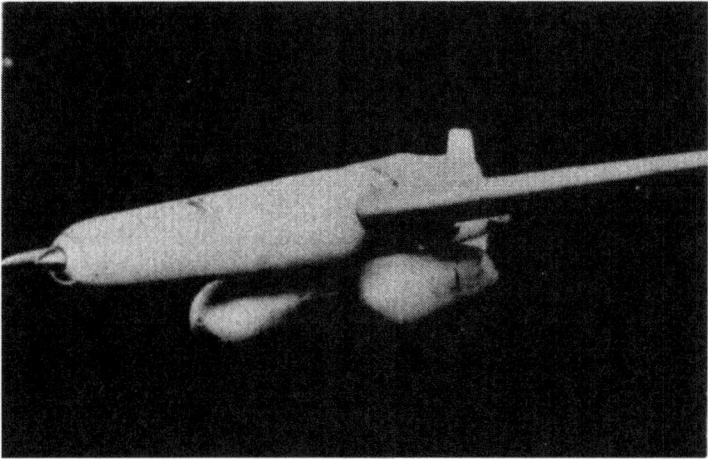

PART III

SECTION (1 0)

The Air Launched Missile X-4

ЧАСТЬ 3

ОТДЕЛЕНИЕ (IO)

Снаряд выпускаемый в воздухе ИКС-4

X - 4
(Air - Air)

ИКС-4
(с воздуха в воздух)

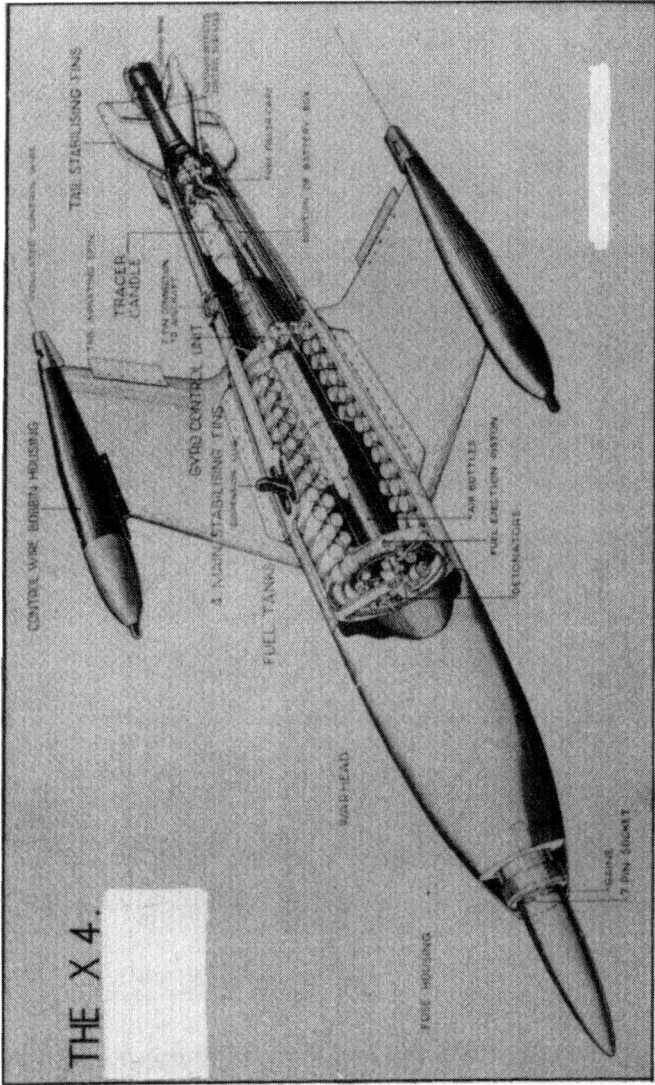

THE X 4.

CONTROL WIRE BOBBIN HOUSING

TAIL STABILISING FINS

TRACER CANDLE

GYRO CONTROL UNIT

4 MAIN STABILISING FINS

FUEL TANKS

AIR BOTTLES

FUEL EJECTION PISTON

DETONATORS

WARHEAD

FUZE HOUSING

CANDLE
7 PIN SOCKET

PART   III

S E C T I O N   (1 1)

The Air Launched Missile HS 298

ЧАСТЬ   3

ОТДЕЛЕНИЕ (II)

Снаряд выпускаемый в воздухе ХА-ЕС 298

HS 298

XA-EC 298

PART IV

SECTION (1 2)

Non-guided long range missile RHEINBOTE

ЧАСТЬ 4

ОТДЕЛЕНИЕ (12)

Неуправляаемый снаряд дальнего действия
"Рейнботе"

Rheinbote
(Non-guided)
"Рейнботе"
(неуправляемый)

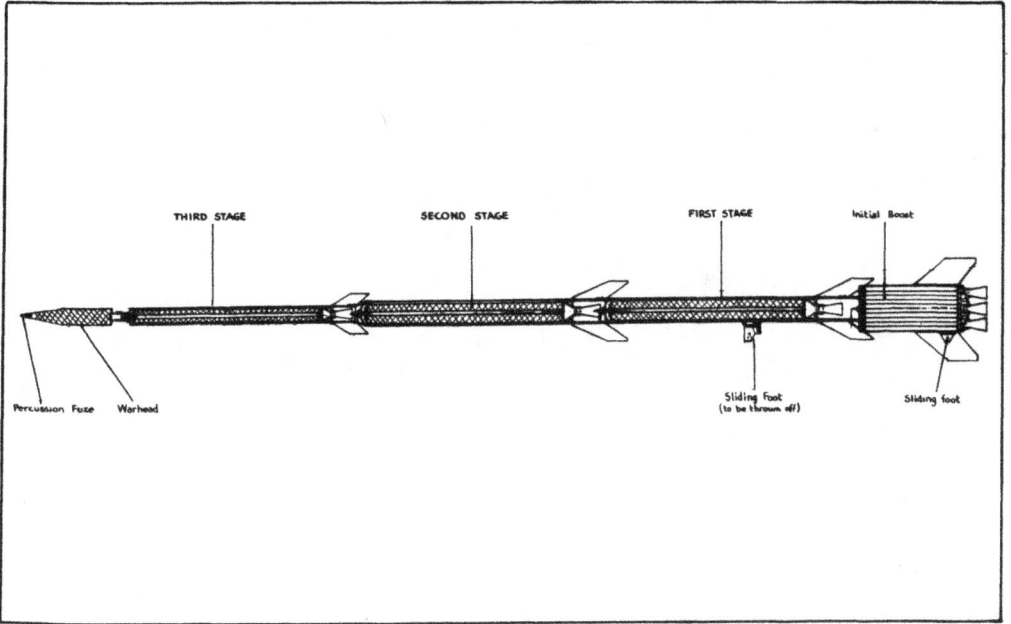

THIRD STAGE   SECOND STAGE   FIRST STAGE   Initial Boost

Percussion Fuze   Warhead

Sliding Foot
(to be thrown off)

Sliding foot

PART   V

S E C T I O N   (1 3)

Small Test Beds for Liquid Fuel Engines

ЧАСТЬ   5

ОТДЕЛЕНИЕ (I5)

Небольшие испытательные установки для
двигателей, работающих жидким горючем

Typical small permanent Test bed showing:-
   Two centre firing bays
   Two outer oxidant bays
Note adequate provision of water; bath for immersion
of contaminated personnel; Sprinkler system etc.
also tiled effluent channels

   Типичная небольшая испытательная установка для долговременного употребления.
Видно:
   два центральных пролета для
   испытательного зажигания;
   два наружных пролета для окислителя.~
Обратите внимание на обеспечение водой -
   ванной для употребления личным составом
   в случае химического заражения: также
   канавки для водостока выложенные кафелем

Rear view: showing observation chamber and main fuel
             bay entrances

Вид сзади: видны камера наблюдения и входы
           в пролеты для заправки горючим

Different type of Test bed (one motor in rig) showing
indirect   observation of engine by mirror from slit in end
bunker.
Note M.T. with pressure bottles connected up

Разновидность испытательной установки (один
двигатель в установленном положении). Косвенное
наблюдение двигателя ведется с помощю зеркала через
щель в стене конечного бункера. Обратите внимание
на автотранспорт с подключенными баллонами
высокого давления

Simple form of Test Bed with light roof and tank
observatory

Упрощенный образец испытательной установки
с легкой кровлей и наблюдательный пункт
из танка

Test Bed showing corrosive effects of Nitric Acid

Испытательная установка, где видна коррозия
от азотной кислоты

Concrete floors of Test Beds showing after effects
of different oxidants
Foreground: Negative effect of corrosion by Hydrogen
Peroxide or Oxygen.
Background: Corrosive effects of Nitric Acid

Бетонные полы испытательных установок
на которых видно действие различных
окислителей.
На переднем плане: отсутствие коррозии
    после употребления перекиси водорода
    или кислорода;
На заднем плане: последствия коррозии
    от азотной кислоты.

www.ingramcontent.com/pod-product-compliance
Lightning Source LLC
LaVergne TN
LVHW021714080426
835510LV00010B/996